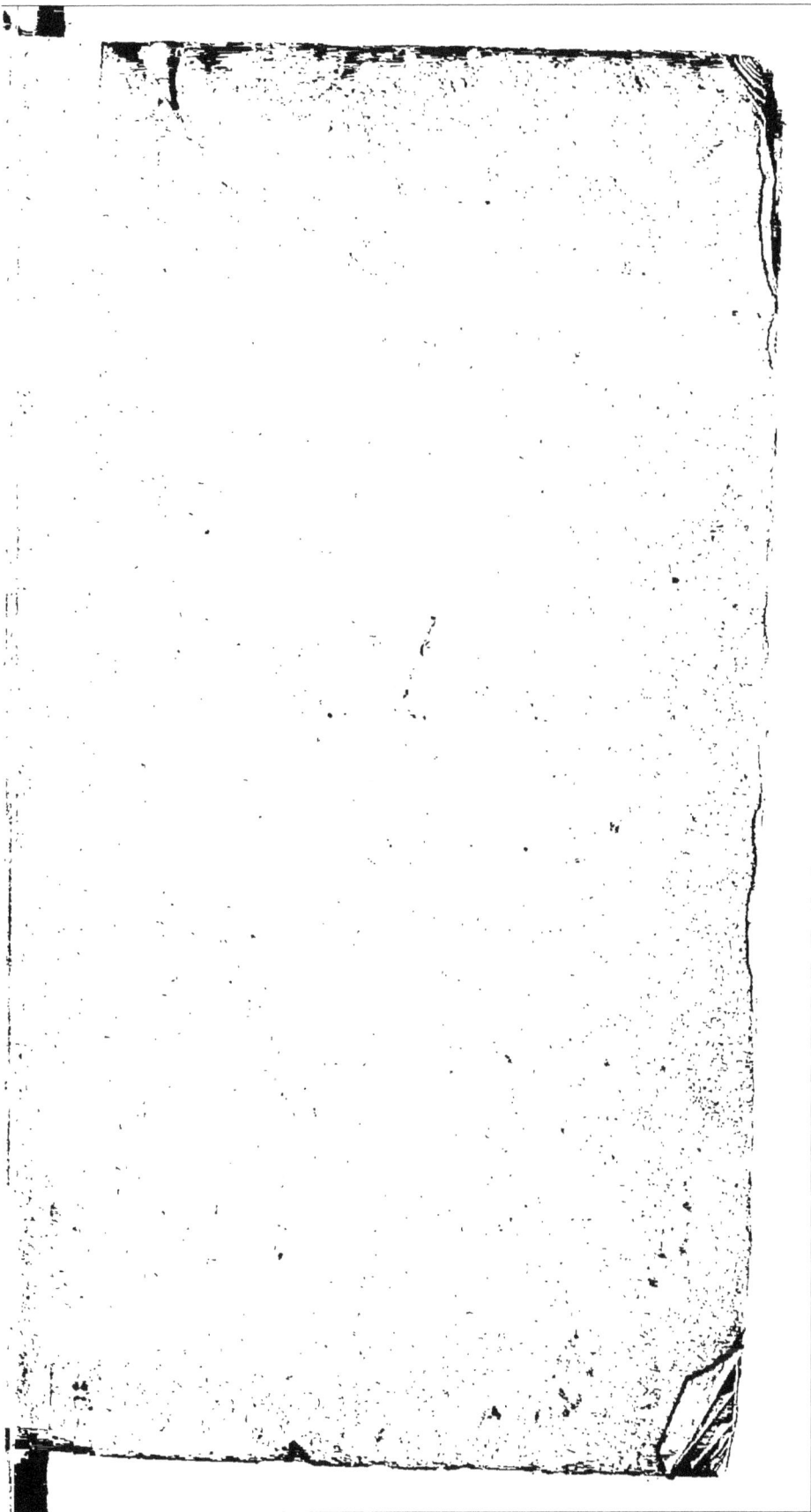

V. 2

LA JAUGE

AU

PIED DE ROY

Tres-utile & neceſſaire à
toutes perſonnes, pour
connoiſtre la continence
des Vins & autres li-
queurs qui ſont dans les
Tonneaux.

Par Jean François Bourgeois de
Paris.

A PARIS,

Chez la Veuve G. ADAM, Im-
primeur & Libraire, à la dé-
cente du Pont S. Michel à
l'Olivier.

Et Chez le ſieur Galimar, ruë
du Marteroy vis-à-vis S. Jean
en Gréve, au Chapeau rouge.

M. DC. XC.

Avec Permiſſion.

Au Public.

INSTRUCTION
de ceque l'on doit esperer se servant de ce livre intitulé La Jauge au Pied de Roy.

MOn dessein n'est pas de faire un long discours pour vous recommander ce livre, & pour vous representer l'utilité que peut apporter la pratique de ce qu'il contient, mais

je vous diray seulement
que plusieurs personnes
versez tant en la Theorie
qu'en la Pratique de la
Jauge en ayant fait lecture,
l'ont trouvé digne d'estre
mis au jour, C'est pour-
quoy j'ay pris la liberté de
l'offrir au Public, estant
necessaire à toute sorte de
personnes, principalement
aux Bourgeois, Marchands
de Vin, Vignerons & au-
tres personnes qui veülent
faire entrer du Vin ou
autre liqueur dans les Vil-
les mesmes, en achepter ou
vendre soit en gros ou en
détail, car par l'instruction
mentionnée audit livre,
on peut sçavoir combien
de Septiers, Pots, Pintes

& autres mesures contien-
nent toute sorte de pieces
en quel Païs que ce soit,
principalement à Paris, &
pour cet effet ii y a l'inf-
truction comme quoy il
faut faire pour prendre
avec ledit Pied de Roy,
tant le Diametre des Ton-
neaux, que la longueur
& excedans d'iceux, com-
me aussi deux descriptions
qui vous marquent la quantité de Septiers & Pintes
que contiennent toutes
fortes de pieces tant ordinaires qu'extraordinaires,
dont on se sert en France,
& qui entrent dans ladite
Ville de Paris, il y a la
maniere de cognoistre la
Vuidange d'un Tonneau,

par le Pied de Roy, comme auffi la maniere de jauger les Cuves, & reduire toute forte de mefures d'un lieu à un autre. les Commis aux Aydes y trouveront auffi leur commodité, n'eftant obligez d'eftre embaraffez de porter un Bafton de Jauge, car chacun ayant un Pied de Roy avec un Compas & le prefent livre, peut fatisfaire fa curiofité; & fçavoir la continence de chaque piece, on n'a qu'à le confiderer, & on y trouvera l'utilité que je m'ofe promettre, n'ayant en iceluy que les chofes les plus juftes que l'on puiffe fouhaitter.

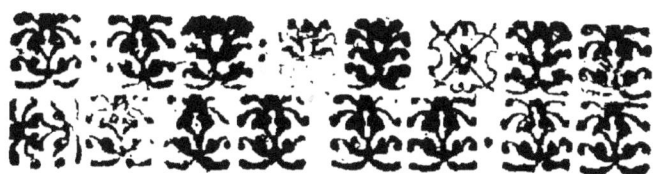

T A B L E

Des Matitres conte-
nuës en ce livre.

LA JAUGE
AU
PIED DE ROY.

VANT que de pouvoir parvenir à la connoiſſance de la Jauge au Pied de Roy, pour ſçavoir la continence des choſes liquides qui ſont dans un Tonneau ou autre piece, il faut ſçavoir ce que c'eſt que Meſure, qui eſt une certaine quan-

A

tité connuë , laquelle
eſtant appliquée aux cho-
ſes, montre combien de
fois elle y eſt contenuë, ou
quelle partie elle contient.

LA Meſure du Pied de
Roy dont il faut ſe ſervir
contient douze pouces, &
chacun pouce douze lignes,
qui eſt le fondement &
perfection de la Jauge ,
& ſur laquelle ſont fon-
dées & faites toutes les
Meſures deſquelles on ſe
ſert pour jauger toute ſorte de Piéces cubiques en
France, comme la Jauge
dont on ſe ſert à Paris , la
Velte à Orleans & autres
lieux, le Ruban en Nor-
mandie & autres meſures.

CELA eſt fondé ſur le Cube, qui eſt un corps ſolide, ayant longueur, hauteur & profondeur; car un Tonneau qui eſt un veritable cilindre, eſt une figure ronde & ſolide ayant deux baſes circulaires & parallelles.

※※※ ※※※ : ※※※ ※※※ : ※※※ ※※※ : ※※※ ※※※ : ※※※

LA METHODE
qu'il faut tenir pour jauger toutes ſortes de Tonneaux par le Pied de Roy.

TOutes ſortes de Piéces, comme Tonneaux, Muids, demy-

Queües & autres especes
de quelle grandeur quel-
les puissent estre, se jaugent par le Pied de Roy:
Ce qui se fait en appli-
quant iceluy sur la Douve
du long qui est au bas du
fonds du Tonneau que l'on
jauge, ou sur l'un des
costez d'iceluy, allant di-
rectement au haut dudit
fonds, ou à l'autre extremité dudit costé pour en
prendre le Diametre, &
lors que le Pied de Roy, ou
moitié d'iceluy estant plié
en deux, ne peut entrer
dans lesd. Jables, pour lors
on se servira d'un Compas,
avec lequel apres avoir pris
la diminution de ce qui est
au dessus du Pied de Roy,

on appliquera le Compas
fur iceluy, & l'on prendra
la quantité des pouces &
lignes qui feront contenuës
en ladite diftance que l'on
adjouftera avec ce que l'on
aura mefuré avec le Pied
de Roy, & par ce moyen
on verra la quantité des
pieds, pouces & lignes que
contiendra ledit Diametre,
ce que l'on exercera auffi
en mefurant la longueur
du Tonneau, depuis une
extremité des Douves de
long jufqu'à l'autre, lef-
quels adjoûtez enfemble
donneront la continence
dudit Tonneau, ainfi qu'il
fe voit cy apres en une
defcription où eft fpeci-
fiée la quantité de pieds,

poulces & lignes que cha-
cun Tonneau doit avoir,
tant en son Diametre,
qu'en sa longueur, & la
quantité de Septiers &
Pintes que contient cha-
cun des Tonneaux men-
tionnez en icelle.

Il faut prendre garde
en jaugeant s'il n'y a point
de Douves renfoncées ou
autre imperfection au
Tonneau que l'on jauge,
& pour lors il faut dimi-
nuer à proportion de la
continence d'iceluy, sui-
vant ce que l'on en pourra
cognoistre par la jauge ou
autrement, suivant le Ju-
gement du Jaugeur.

LA MANIERE
de Cognoiſtre le Diametre des fonds d'un Tonneau, iors qu'ils ne ſont pas conformes.

ON doit auſſi meſurer les deux fonds, parce qu'il y en a qui ſont plus grands les uns que les autres, auquel cas il faut adjoûter les deux Diametres, & prendre la moitié d'iceux qui ſera le

veritable Diametre, & si le
Tonneau estoit débondon-
né, il faudroit voir la haulteur ou Diametre du mi-
lieu du Tonneau, à cause
du bouge, & pour cet ef-
fet il faut mettre un baston
dans iceluy, & voir la
haulteur qu'il contient,
jusqu'à l'extremité inte-
rieure de la Douve du
Bondon, & par ce moyen
il ne sera pas necessaire de
prendre l'excedent du bouge dudit Tonneau ce qui
regarde le Diametre, car
en joignant la quantité de
pieds, poulces & lignes,
que contient ladite haul-
teur, qui est le troisiesme
Diamettre, avec les deux
autres Diametres, & pre-
nant

nant le Tiers d'iceux , on
aura le Diametre du Ton-
neau qu'il faut joindre a-
vec la longueur & l'Exce-
dent de longueur d'iceluy
pour en sçavoir la conti-
nence.

De la cognoißance des Jables.

IL faut außi avoir la cognoißance des Jables, car s'ils font plus longs que ne porte l'ordinaire du Tonneau que l'on jauge, cela diminuë la continence d'iceluy, ou s'ils font plus courts, cela l'augmente à proportion, ce que l'on obfervera en jaugeant toutes fortes de pieces, afin de bien cognoiftre la quantité de pieds, poulces &

lignes que contient la longueur de la piece que l'on
jauge, & pour avoir la
cognoiſſance deſdits Jables
s'ils ſont plus longs ou
plus courts que l'ordinaire,
il y a cy-apres en ladite
deſcription la continence
des pouces & lignes de
chacun Jable des pieces
qui ſont mentionnées en
icelle.

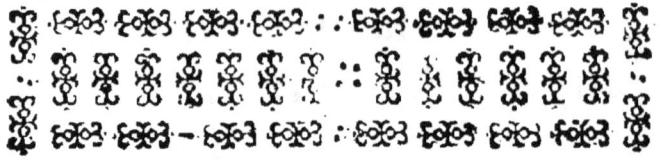

LA MANIERE
de prendre l'Excedent de Iauge, tant du Diametre que de la longueur.

POUR avoir la connoissance de l'Excedent de Jauge, il faut prendre le Diametre de la piece que l'on jauge, & compter combien de pieds, pouces & lignes contient le Diametre, comme aussi remarquer la quantité de

pieds

pieds, poulces & lignes
que contient le Diametre
de la piece fur la mefure
fur laquelle on la jauge,
& compter auffi la quan-
tité de poulces & lignes
que la piece que l'on jauge
furpaffe le Diametre de la
Jauge ordinaire de la piece
fur la mefure de laquelle
on jauge : C'eft ce que
l'on appelle Excedent, &
pour fçavoir la valeur d'i-
celuy il faut avoir recours
auffi à ladite premiere defcription, où font expli-
quez les Excedens de Jau-
ge de toute forte de
pieces, à combien de Sep-
tiers ou Pintes doivent
monter les poulces & li-
gnes de l'Excedent de

C

Diametre du Tonneau que
l'on jauge, plus que la
mefure de celuy fur lequel
on le jauge, ce que l'on
obfervera auffi pour l'Excedent de longueur, &
parce moyen ayant joint
la quantité de poulces &
lignes que contient l'Ex-
cedent de Diametre avec
la quantité de pieds, poulces & lignes du Diametre,
& ayant auffi joint la quantité de poulces & lignes
que contient l'Excedent
de longueur avec les pieds,
poulces & lignes de la longueur du Tonneau, &
joignant le tout enfemble
l'on aura la continence du
Tonneau que l'on jauge.

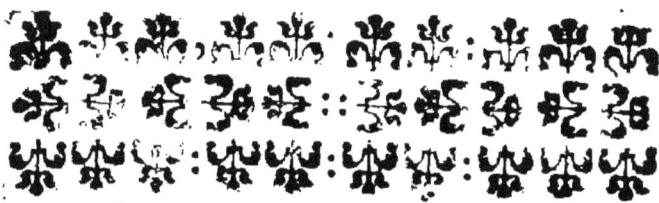

Pour cognoiftre l'Excedent de Bouge.

ON doit remarquer que l'excedent de bouge n'eft qu'un triangle circulaire que l'on doit prendre à point de veuë, & pour cet effet il faut mettre le Pied de Roy au deffus de la Douve de deffus du Tonneau que l'on jauge, car par ce moyen on déduit l'epaiffeur du bois dudit Tonneau, & regarder en quel endroit du Pied

de Roy on peut voir le
deſſus de la Douve ou eſt
la Bonde, & voir combien
il y a de poulces & lignes,
de haulteur depuis le bas
dudit Pied de Roy, juſ-
qu'ou l'on voit ladite Douve de la Bonde, dont on
prendra la moitié que l'on
joindra avec le Diametre
& excedent de Diametre,
& par ce moyen on aura
la quantité de pieds, poulces & lignes que contient
le Diametre & Excedent
d'iceluy, tant en fonds que
bouge, mais comme il y a
deux fonds paralelles l'un
à l'autre, & que l'un d'i-
ceux peut exceder l'autre
en Diametre, & n'avoir
pas tant d'Excedent de

bouge que l'autre, il faut en ce cas prendre les Ex-cedens de bouge des deux coſtez, & apres avoir pris iceux, & les joignant en-ſemble, on prendra la moi-tié de la moitié, ou le quart d'iceux pour avoir l'Exce-dent de bouge.

INSTRUCTION
touchant les deux
defcriptions cy-apres

POur avoir la cognoif-
fance de la Jauge de
toute forte de Tonneaux,
il y a cy-apres deux def-
criptions, dans la premiere
defquelles l'on voit la continence des Tonneaux or-
dinaires, avec la quantité
de pieds, poulces & li-
gnes que contient tant le
Diametre de chacun Ton-

neau, que la longueur d'i-
celuy, comme auſſi la quantité de poulces & lignes
que contient l'Excedent
dudit Diametre, que de ladite longueur, enſemble la
quantité de poulces & li-
gnes que contient le Jable
de chacun Tonneau, &
ſur leſquels Tonneaux on
doit jauger ceux de la ſe-
conde deſcription, en la-
quelle il n'y a que la continence d'iceux, & toute
ſorte d'autres pieces extraordinaires, ce que l'on
cognoiſt par le moyen de
l'Excedent pour en ſça-
voir la continence, par le
rapport des pieces conte-
nuës en la premiere deſcription, & dont elles appro-

chent le plus de la Jauge
d'icelles, comme le Muid
de Mantes & autres Muids,
par la Mesure du Muid
ordinaire, la Demy-Queüe
Vauvray, Beaune, Dijon,
Herissé, Bar-sur-Aube &
autres, par la Mesure de
la Demy-Queüe Orleans,
& ainsi des autres Ton-
neaux mentionnez en la
seconde description, &
toutes pieces extraordinaires suivant ledit rapport,
lesquels Tonneaux écrits
en ces deux descriptions,
sont les plus usitez en
France, & qui entrent or-
dinairement à Paris, pourquoy la continence d'iceux
y est mentionnée suivant
la mesure, Septier & Pinte
de Paris.   Premiere

PREMIERE
Description.

DANS ladite premiere description cy aprés, est la continence des Septiers & Pintes des Tonneaux ordinaires, comme aussi la quantité de pieds, poulces & lignes que contient tant le Diametre, que la longueur d'iceux, ensemble la quantité de poulces & lignes que contient l'Excedent & le Jable de chacune espece

D

des pieces mentionnées en icelle.

❊❊❊ ❊❊❊ ❊❊❊ ❊❊❊ ❊❊❊ ❊❊❊ ❊❊❊ ❊❊❊ ❊❊❊

Septier Mesure de Paris.

CONTINENCE.

VN Septier contient huit Pintes mesure de Paris.

MUID.

CONTINENCE,

LE Muid contient tren- te-six à trente-sept

Septiers, on le prend or-
dinairement à trente-fix
Septiers qui font deux cens
quatre - vingt - huit Pintes
mefure de Paris.

DIAMETRE.

LE Muid doit avoir un
pied dix poulces, &
huit lignes de Diametre.

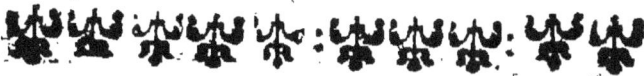

EXCEDENT DE
Diametre.

L'Excedent de Diame-
tre eft de cinq lignes
pour un Septier.

LONGUEUR.

LE Muid doit avoir de longueur deux pieds unze poulces sept lignes.

EXCEDENT DE
longueur.

L'Excedent de longueur est de huit lignes pour un Septier.

JABLE.

Le Muid doit avoir ordinairement un pouce neuf lignes.

DEMY

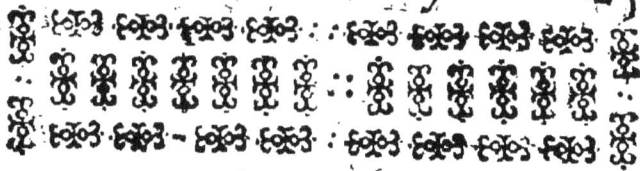

DEMY MUID.

CONTINENCE.

LE demy Muid contient dix-huit Sepriers, qui font cent quarante-quatre Pintes mefure de Paris.

DIAMETRE.

Le demy Muid doit avoir un pied fix poulces & quatre lignes de Diametre.

EXCEDANT.

L'Excedant de Diametre
E

eſt de huit lignes pour un Septier.

LONGUEUR.

La longueur doit eſtre de deux pieds quatre pouces & cinq lignes.

EXCEDANT.

L'Excedant de longueur eſt de dix lignes pour un Septier.

JABLE.

Le demy Muid François doit avoir de Jable un poulce & quatre lignes, & le demy-Muid de Bourgongne un poulce neuf lignes.

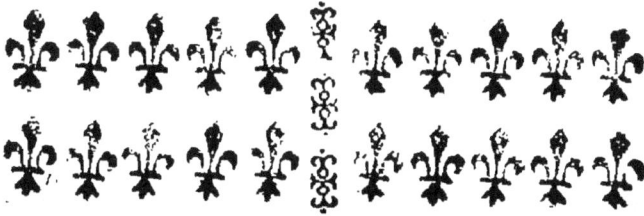

TIERCAIN OU
tiers de Muid,

CONTINENCE.

L E Tierçain ou tiers de Muid contient douze Septiers, qui font quatrevingt feize Pintes.

DIAMETRE.

Le Tierçain doit avoir un pied quatre poulces dix lignes de Diametre.

EXCEDANT.

L'Excedant de Diametre est d'unze lignes pour un Septier.

LONGUEUR.

La longueur est d'un pied unze poulces dix lignes.

EXCEDANT.

L'Excedant de longueur est d'un poulce deux lignes pour un Septier.

JABLE.

Le Tierçain a ordinai-

rement un poulce trois lignes de jable.

QUART DE
Muid.

CONTINENCE.

LE quart de Muid con-
tient neuf Septiers,
qui font foixante & douze
Pintes mefure de Paris.

DIAMETRE.

Le quart de Muid doit
avoir un pied deux poul-

ces dix lignes de Diame-
tre.

EXCEDANT.

L'Excedant de Diame-
tre eſt d'un poulce deux
lignes pour un Septier.

LONGUEUR.

La longueur doit eſtre
d'un pied dix poulces cinq
lignes.

EXCEDANT.

L'Excedant de longueur
eſt d'un poulce cinq lignes
pour un Septier;

JABLE.

Le quart de Muid doit avoir ordinairement un poulce cinq lignes de jable.

DEMY-QUEUE
Orleans.

CONTINENCE.

LA Demy-Queüe Orleans contient vingt-sept Septiers, qui font deux cens seize Pintes mesure de Paris.

DIAMETRE.

La Queüe demy Orleans, doit avoir un pied dix poul-ces de Diametre.

EXCEDANT.

L'Excedant de Diame-tre est de six lignes pour un Septier.

LONGUEUR.

La longueur doit estre de deux pieds cinq poulces six lignes.

EXCEDANT.

L'Excedant de longueur est

est de neuf lignes pour un Septier.

JABLE.

La Demy-Queüe Or-
leans a ordinairement un
poulce unze lignes de
jable.

Quartau Orleans.

CONTINENCE.

LE Quartau jauge Or-
leans contient treize
Septiers quatre Pintes, qui

F

font cent huit Pintes me-
fure de Paris.

DIAMETRE.

Le Quartau Orleans doit
avoir un pied fix poulces
de Diametre.

EXCEDANT.

L'Excedant de Diame-
tre eft de dix lignes pour
un Septier.

LONGUEUR.

La longueur doit eftre
de deux pieds un poulce
quatre lignes.

EXCEDANT.

L'Excedant de l'ongueur eſt d'un poulce deux lignes pour un Septier.

JABLE.

Le Quartau Orleans doit avoir ordinairement un poulce quatre lignes de jable.

DEMY QVEVE
Champagne.

CONTINENCE.

LA Demy-Queüe jauge Champagne contient vingt-quatre Septiers, qui font cent quatre-vingt douze Pintes mesure de Paris.

DIAMETRE.

La Demy-Queüe Cham-
pagne

pagne doit avoir un pied
huit poulces quatre lignes
de Diametre.

EXCEDANT.

L'Excedant de Diame-
tre eſt de ſix lignes pour un
Septier.

LONGUEUR.

La longueur doit eſtre de
deux pieds ſix poulces
ſix lignes.

EXCEDANT

L'Excedant de longueur
eſt de dix lignes pour un
Septier.

G

JABLE.

La demy Queüe Cham-
pagne doit avoir ordinai-
rement un poulce neuf li-
gnes de jable.

B U S S A R T.

CONTINENCE.

LE Bussard contient trente Septiers, qui qui font deux cens quarante Pintes mesure de Paris.

DIAMETRE.

Le Bussard doit avoir un pied huit poulces & sept lignes de Diametre.

EXCEDANT.

L'Excedant de Diametre
eſt de neuf lignes pour un
Septier.

LONGUEUR.

La longueur eſt de
deux pieds unze poulces
quatre lignes.

EXCEDANT.

L'Excedant de longueur
eſt d'un poulce & d'une li-
gne pour un Septier.

JABLE.

Le Buſſard doit avoir

ordinairement un poulce
trois lignes de able.

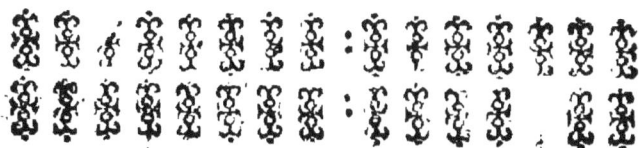

PIPPE.

CONTINENCE.

LA Pippe contient cin-
quante quatre Septiers
qui font quatre cens trente-
deux Pintes mesure de
Paris.

DIAMETRE.

La Pippe doit avoir un
pied neuf poulces & neuf
lignes de Diametre.

EXCEDANT.

L'Excedant de Diametre eft de cinq lignes pour un Septier.

LONGUEUR.

La longueur doit eftre de trois pieds unze poulces fix lignes.

EXCEDANT.

L'Excedant de longueur eft de dix lignes pour un Septier.

JABLE.

La Pippe doit avoir or-

dinairement deux poulces
de Jable.

SECONDE
Description.

En laquelle eſt fait
mention ſeulement
de la continence des
pieces qui ſe jaugent
par le moyen de cel-
les de la premiere
Deſcription , &

dont on cognoiſt la
continence par le
moyen de l'Exce-
dent d'icelles, par la
proportion de celles
ſur la meſure deſ-
quelles elles ſont
jaugées.

Mudi de Mantes.

CONTINENCES.

LE Muid de Mantes
contient trente-neuf
& quaaante Septiers meſu-
re de Paris.   MUID

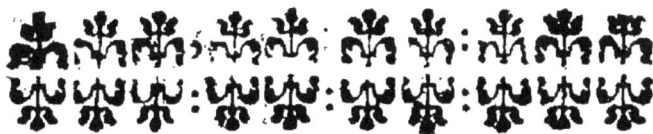

Muid Soiſſonnois.

LE Muid Soiſſonnois autrement Demy-Queüe contient vingt-ſept à vingt huit Septiers,

DEMY-QUEVE Vauvray.

LA Demy-Queüe Vauvray contient trente-deux, trente-trois & trente-quatre Septiers.

H

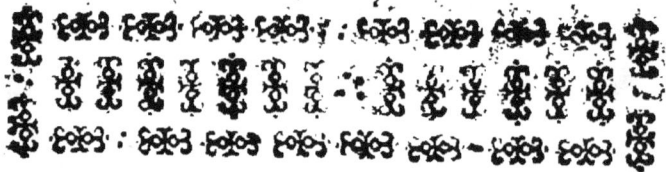

DEMY QUEUE
Vauvray Baſtarde.

LA Demy-Queüe Vau-
vray baſtarde contient
trente-deux Septiers.

DEMY-QUEUE
de Beaune.

LA Demy Queuë de
de Beaune contient
trente Septiers.

⚜✚⚜✚⚜✚⚜✚♔⚜✚⚜✚⚜✚⚜✚⚜

Demy Queue de Dijon

L A Demy Queüe de
Dijon contient trente
Septiers.

⚜✚⚜✚⚜✚⚜✚♔⚜✚⚜✚⚜✚⚜

Demy Queuë Herißé & Bar sur-Aube.

L A Demy-Queüe He-
riße & Bar sur Aube,
contient trente, trente un
& trente-deux Septiers.

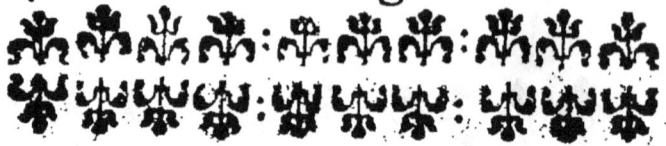

Demy·Queüe de Macon,

LA Demy-Queüe de Macon contient vingt-trois Septiers.

Demy·Queuë de Chenets.

LA Demy-Queüe de Cheners contient vingt-huit & 29 Septiers.

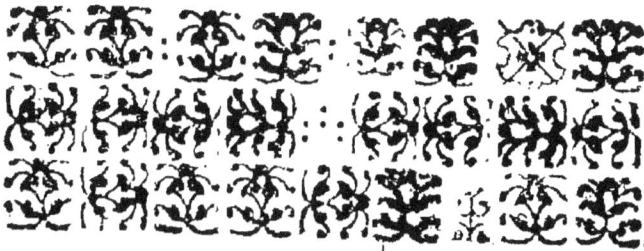

DEMI - QUEUE
de Reims, Teiſſi, Sainte Heleine & Saint Thiery.

LA Demy - Queüe de Reims, Teiſſy, Sainte Heleine & Saint Thiery, contient vingt - quatre, vingt - cinq & vingt - ſix Septiers.

I

Demy-Queuë d'Ay, & autres de la Riviere de Marne.

LA Demy-Queüe d'Ay & autres de la Riviere de Marne, contiennent vingt quatre & vingt-cinq Septiers.

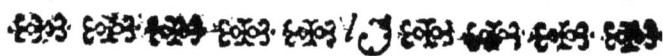

Demy-Queue d'Auvergne.

LA Demy-Queüe d'Auvergne contient depuis

vingt-quatre, juſqu'a trente-trois Septiers.

DEMI QVEVE
de Renaizé & de la Chaiſe.

L A Demy-Queüe de Re-
naiſé & de la Chaiſe ,
contient depuis vingt-quatre juſqu'à trente-trois
Septiers.

BUSSARD
d'Anjou

L E Buffard d'Anjou con-
tient depuis trente juf-
qu'à trente-quatre Seftiers

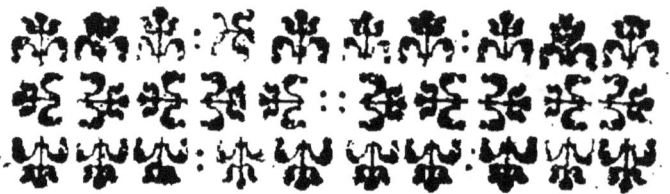

GROS BUSSARD.

L E Gros Buffard con-
tient depuis trente- fix
jufqu'à quarante Septiers.

Pippes de Coignac.

LA Pippe de Coignac contient depuis soixante-six jusqu'à soixante-seize Septiers.

Pippes Excedantes.

LEs Pippes Excedantes contiennent depuis cinquante-six jusqu'à soixante-six Septiers & d'avantage, le tout mesure de Paris.

LA MANIERE
de cognoiſtre par le moyen de la meſure du Pied de Roy, la Vuidange d'un Tonneau.

ON peut auſſi ſe ſervir de la meſure du Pied de Roy & Compas pour ſçavoir la Vuidange d'un Tonneau, & la diminution du Vin ou autre liqueur qui a eſté tirée d'iceluy, ſoit par quart, moitié, trois quarts, ainſi

que les Commis prepofez
pour le droit d'Aydes, à
l'exercice des Caves, ti-
rant leur diminution ou autrement par tiers ou autre
portion que l'on voudra,
ce que l'on cognoift facilement en oftant le quart
du Diametre, ou du tiers
de la circonference duquel
on prendra la moitié que
l'on divifera en deux, &
de laquelle moitié on ofte-
ra la moitié qui eft en bas
ou du cofté du Tonneau,
fuiuant que l'on jaugera
iceluy, & autant par en
haut, ou par l'autre cofté
oppofite à celuy dont on
a ofté la diminution, ce
qui fait la rondeur circulaire quarrée, car ayant

réduit la circonference
d'un Tonneau quarrée,
On ne fçauroit manquer à
cognoiftre pour ladite jauge la continence de toute
fortede cubes, ny mefme la
diminution ou Vuidange
faite en partie d'iceux, ce
qui fe peut facilement cognoiftre par la circonference ou rondeur circulaire
d'un Tonneau de vingt-
quatre poulces, dont le
Diametre circulaire eft de
huit poulces, & réduit en
quarré n'eft que de fix pouces, ce que l'on doit pra-
tiquer en ne comptant pas
un poulce au Jable d'en
bas, ou du cofté que l'on
appofe le Pied de Roy, &
autant par en hault, ou

par

par le cofté oppofite à celuy que l'on a appliqué
ledit Pied de Roy, &
fçachant la quantité de
pieds, poulces & lignes que
l'on a en quarré du Cube
circulaire, on peut pren-
dre la diminution de la
Vuidange d'iceluy par
moitié, quart, ou telle autre partie que l'on voudra.

K

Autre maniere de jauger en toutes Provinces.

POur sçavoir la quantité de Pots, Pintes & autres mesures que peut contenir un Tonneau en quel Païs ou Province que l'on voudra, il faut avoir un échantillon cubique contenant un Pot, Pinte ou autre mesure du Païs ou Province dont on veut sçavoir la continence d'un Tonneau, apres mesurer tant le Diametre que la longueur dudit Tonneau par ledit échantillon, & multiplier le Diametre par la longueur, le produit donnera la quantité de Pots, Pintes, ou telle autre mesure que contient le Tonneau que l'on jauge, suivant l'échantillon donné

Maniere de jauger les Cuves.

POur jauger toute for-
te de Cuves, ou autres
pieces de quelle grandeur
quelles puiſſent eſtre, ſoit
quelles ſoient pleines, ou
en partie vuides, on les
jaugera par le Pied de
Roy, ce qui ſe fera en
prenant un Baſton, & le
mettant dans le Vin ou
autre liqueur qui ſera dans
la Cuve que l'on meſure-
ra avec le Pied de Roy &
Compas

Compas ju'qu'à l'endroit
où le Baston, fera moüillé,
pour cognoiftre la quantité de pieds, poulces & lignes que contient la hau-
teur du Vin ou autre li-
queur, & pour cet effet
oncomptera la quantité des
Pieds de Roy que contient
ledit Bafton moüillé, &
s'il y en a d'avantage de
moüillé que ne porte ledit
Pied de Roy, on applique-
ra le Compas ju'qu'à l'extremité du moüillé, & a-
pres l'avoir appliqué fur
le pied de Roy, on com-
tera la quantité de poul-
ces & lignes qui font en
la continence de l'eften-
duë dudit Compas, que
l'on edjoûtera avec lefdits

L

Pieds de Roy, & ainſi on
aura la quantité des pieds,
poulces & lignes que con-
tiendra la haulteur du Vin,
enſuite on prendra le Diametre de la ſite Cuve, ce
qui ſe fera en prenant le
Diametre du fonds, & ce-
luy où eſt la hauteur du
Vin, que l'on adjoûtera en-
ſemble, & prendra la moi-
tié pour le Diametre aſſu-
ré, & en cas que l'on ne
puiſſe approcher des Cuves
pour prendre le Diametre
du fonds, il faudra en ce
cas prendre un Ruban ou
Fiſſelle, avec lequel ayant
pris le tour ou circonfe-
rence pardeſſus le fonds de
la Cuve, & réduiſant l'é-
paiſſeur des Douves & Cer-

cles de la continence de ladite circonference, le tiers
de la quantité de Pieces,
poulces & lignes contenus
en icelle, donnera le Diametre dudit fonds, d'au-
tant que trois fois le Diametre d'un Tonneau eſt la
circonference d'iceluy, &
pour ſçavoir combien il y
a de Vin ou autre liqueur
dans la Cuve que l'on jauge, il faut faire une regle
de trois double, ſoit ſur le
Muid ou autre piece dont
on aura la connoiſſance
tant du Diametre, lon-
gueur, que de la continence de Septiers & Pintes d'i-
celuy, ce qui ſe fait facilement en multipliant les
trois derniers nombres con-

tinuement l'un par l'autre,
qui fera le nombre à divi-
fer, & puis multiplier les
deux premiers nombres,
l'un par l'autre, pour avoir
le devifeur, & ayant fait
fait ladite regle, le produit
donnera la continence des
Septiers, Pots & Pintes
& autres mesures de ladite
Cuve, ce que l'on obfer-
vera pour toute forte de
Cuves & Vaiffeaux de
quelle grandeur qu'ils
puiffent eftre.

De la reduction des Mesures.

POur faire la reduction de toute forte de me-sures d'une Province à une autre, & fçavoir combien une piece, foit Tonneau, Muid ou Demy - Queüe d'un lieu contient de Pots, Pintes & autres mefures dans uu autre lieu pour en avoir la veritable cognoif-fance, il faut operer par une regle de trois, & avant que de faire icelle, il faut

trouver un nombre de Pin-
tes ou autres mesures d'une
Province proportionnée à
un autre nombre de Pin-
tes ou autre mesure du
lieu ou Province dont on
veut sçavoir la quantité de
Pintes que la piece dont
on veut faire la reduction
contient audit lieu, & pour
cet effet il y a cy-apres
deux operations opposées,
& qui servent de preuve
l'une à l'autre, qui mon-
trent la man ere dont on
se doit servir pour rediger
toute sorte de mesures d'un
lieu à autre, lesquelles o-
perations sont faites par
par entiers & non par fractions afin de n'estre pas
prolixe, laissant aux cu-

rieux d'en faire l'opera-
tion.

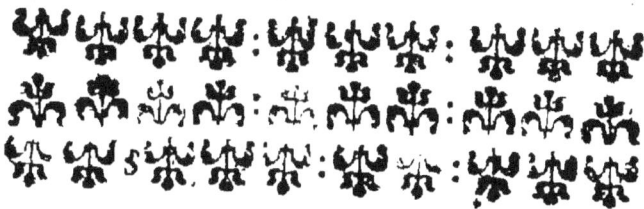

ON veut sçavoir com-
bien de Pintes de Pa-
ris contient la Demy-
Queuë Orleans, il faut
trouver un nombre de Pin-
tes d'Orleans ; proportionné à un autre nombre de
Pintes de Paris, il se trou-
ve que vingt-cinq Pintes
mesure d'Orleans & Char-
tres équipollent vingt-sept
Pintes mesure de Paris,
qui est le nombre entier,
& sans fractions, le plus
petit qui se puisse trouver,

proportionné l'un à l'autre,
pour faire l'operation.
Pourquoy il faut dire si
vingt-cinq Pintes mesure
d'Orleans contiennent
vingt-sept Pintes mesure
de Paris, combien contien-
dront de Pintes mesure de
Paris, deux cens Pintes
mesure d'Orleans, qui est
la quantité de Pintes que
contient ladite Demy-
Queuë, pour cet effet il
faut multiplier les deux
cens Pintes Orleans, par
les vingt-sept Pintes mesure de Paris, & l'on trou-
vera le nombre de cinq
mille quatre cens que l'on
divisera par vingt-cinq
Pintes mesure d'Orleans,
& le produit donnera deux
cens

cens seize Pintes mesure
de Paris, que contient la
dite Demy-Queüe Orleans
& par l'autre operation op-
posite à celle cy-dessus,
on veut sçavoir la quantité de Pintes d'Orleans que
contient ladite Demy-
Queüe par la proportion du
nombre des Pintes de Paris,
pour cet effet on dira si
vingt-sept Pintes mesure
de Paris, ne contiennent
que vingt cinq Pintes me-
sure d'Orleans, combien
de Pintes d'Orleans con-
tiendront deux cens seize
Pintes mesure de Paris, on
trouvera en multipliant
deux cens seize Pintes de
Paris, par vingt-cinq Pintes mesure d'Orleans, le

M

dit nombre de cinq mille
quatre cens, lequel nom-
bre estant divisé par vingt-
sept Pintes mesure de
Paris, le produit donnera
deux cens Pintes mesure
d'Orleans, ce que l'on ob-
servera pour réduire toute
sorte de mesures d'un lieu
à un autre.

FIN.

PERMISSION

PErmis d'imprimer. Fait
ce troisiéme Juin 1690.

DE LA REYNIE.

Faute survenuë à l'Impression

Page 48 lisez vingt-
sept au lieu de vingt-trois
Septiers à la Demy-Queüe
de Macon.

www.ingramcontent.com/pod-product-compliance
Lightning Source LLC
Chambersburg PA
CBHW050605210326
41521CB00008B/1123